21 Gramm sind nicht genug

Neues über das Gewicht der Seele

Klaus Mittermeier

M KREATIV LTD (Hrsg.),

An der Kreisstrasse 4, 84184 Obergolding, Germany

Klaus Mittermeier, Autor

- www.hypno24.com –

ISBN-10:1522867589

ISBN-13: 978-1522867586

Inhaltsverzeichnis

21 Gramm – das Gewicht der Seele

Versuche wissenschaftlicher Psychostasie[Bearbeiten]

Duncan MacDougall, Arzt aus **Haverhill** in **Massachusetts**, bestimmte in wissenschaftlichen Experimenten das Gewicht der Seele mit 21 Gramm. Davon berichtete die **New York Times** am 11. März 1907. MacDougall baute eine Präzisionswaage: ein an einem Gestell aufgehängtes Bett, dessen Gewicht samt Inhalt sich auf fünf Gramm genau bestimmen ließ. Die erste von sechs Versuchspersonen zeigte im Moment des Todes einen Gewichtsverlust von 21 Gramm: das Gewicht der Seele. 15 Hunde dagegen verendeten auf der Waage – alle ohne den geringsten Gewichtsverlust. Auch der niederländische Physiker Dr. **Zaalberg van Zelst** und auch Dr. Malta wollten nachgewiesen haben, dass man den **Astralkörper** eines Menschen wiegen und damit physikalisch nachweisen kann. In einigen Versuchen in Den Haag wogen sie sterbende Patienten und ermittelten dabei im Moment des **klinischen Todes** einen nicht zu erklärenden Gewichtsverlust der Personen von 69,5 Gramm. Der Film „**21 Gramm**" (**Alejandro González Iñárritu**, USA 2003) bezieht sich auf diese Experimente.

In den 1930er Jahren stellte der Lehrer **Harry LaVerne Twining** in **Los Angeles** Versuche mit Mäusen an, die er tötete und während des Sterbevorgangs wog. Er stellte auf die Schalen einer Balkenwaage je ein Becherglas mit einer lebenden Maus und einem Stück **Zyankali** und balancierte die Versuchsanordnung aus. Dann gab er eines der Zyankalistücke in das Glas. Als die Maus nach 30 Sekunden starb, bewegte sich der Waagbalken auf ihrer Seite nach oben. Somit trat wie bei MacDougalls Versuch ein Gewichtsverlust ein. Als aber Twining die Maus in einem luftdicht versiegelten Glaszylinder ersticken ließ, wurde keine Gewichtsveränderung festgestellt. Daraus schloss Twining, dass eine sterbende Maus im Augenblick des Todes eine bestimmte Menge an Flüssigkeit verliert, die verdunstet, aber bei Versiegelung des Gefäßes nicht entweichen kann.

Twinings Hypothese überzeugt jedoch nicht, da kein Grund für einen plötzlichen und derart heftigen Flüssigkeitsverlust beim Sterbevorgang ersichtlich ist. Len Fisher weist darauf hin, dass möglicherweise **Konvektionsströme** eine Rolle spielen; dieser Faktor wurde weder von MacDougall noch von Twining berücksichtigt. Bei den Hunden kann die Wärmedämmung durch das Fell das Ergebnis beeinflusst haben. Fisher stellt fest, dass eine befriedigende Erklärung der Experimente noch nicht gefunden ist.[6]

(aus der freien Enzyklopädie **Wikipedia** [21.12.2015])

McDougalls Experimente gelten heute als unwissenschaftlich, seine 21-Gramm-Hypothese spielt aber in der Popkultur nach wie vor eine Rolle. (aus der freien Enzyklopädie **Wikipedia** [21.12.2015])

Diese Erklärung findet man unter Wikipedia, wenn man nach dem „Gewicht der Seele" sucht.

Neues über das Gewicht der Seele

Allerdings gibt es Neues zu berichten, über das tatsächliche Gewicht der Seele und man muss heute nicht mehr warten, bis ein Mensch stirbt, um dies feststellen zu können. Zunächst stellt sich die Frage, ob es sich um die reine Seele handelt, bei dem, was es da zu wiegen gibt, oder ob es sich um den Astralkörper handelt, wie Dr. Malta meinte, oder um den feinstofflichen Anteil von uns Menschen, oder um eine Mischung daraus.

Meiner Ansicht nach handelt es sich bei uns Menschen um Mischwesen aus einem feinstofflichen Astralkörper und einem grobstofflichen Körper, welche zusammen eine Seele besitzen. Der grobstoffliche Körper ist das, was wir im Spiegel sehen können und als unser „ICH" bezeichnen. Der feinstoffliche Körper ist nicht sichtbar, jedoch über seine Masse/sein Gewicht nachweisbar und unser wahres „ICH", welches den Tod mühelos überwindet.

Unsere Seele verlässt den Körper nicht nur im Moment des Todes.

In meinen experimentellen Versuchen mit Hypnose habe ich festgestellt, dass in der hypnotischen Trance nicht nur Masseverluste zu beobachten sind, sondern auch Massezunahmen und zwar über das Startgewicht hinaus.

Während einer Hypnosesitzung kommt es teilweise zu sprunghaften und wechselnden Massedifferenzen, die physikalisch betrachtet, gegen die bisher bekannten und anerkannten Regeln verstoßen.

Nachdem ich die Vermutung hatte, dass sich die Seele auch bei lebenden Menschen per Wägeexperiment nachweisen lassen müsste und sich diese zeitweise „aus dem Staub macht", habe ich im August 2015 eine Waage für mein Hypnosezentrum angeschafft und Vorbereitungen getroffen, um dies nachzuweisen.

Was es dann zu beobachten gab, wird Sie ebenso überraschen, wie es mich überrascht hat.

Außerdem bin ich absolut sicher, dass auch Dr. Duncan MacDougall äußerst überrascht gewesen wäre, hätte er damals festgestellt, dass 21 Gramm bei weitem nicht genug sind, wenn es um das Gewicht der menschlichen Seele geht. Ich lade Sie hiermit ein, dem ersten Experiment beizuwohnen!

Wägeexperiment I

Vermutet habe ich es schon eine ganze Weile, wie weiter vorne bereits erwähnt, aber jetzt ist es amtlich und es wird vermutlich ein weltweites Echo auslösen.

Wenn ein Mensch im Moment des Einschlafens angebglich eine Gewichtsveränderung (Massedifferenz) von 400 bis 650 Gramm und ein Jogi 1,5 kg während einer tiefen Meditation erfährt, dann muss in der Hypnose dasselbe, oder ein ähnliches Phänomen auftreten.

Meine Vermutung hat sich bestätigt. Nach Beschaffung und Umbau einer geeigneten Waage, habe ich am Samstag, den 05. September 2015 ein erstes Wägeexperiment durchgeführt und den Nachweis erbracht, dass dieser Effekt eintritt.

Meine Probandin hatte bereits fünf bis sechs Sitzungen Erfahrung mit Hypnose durch vorherige Sitzungen.

Der Versuch startete exakt um 20:59:20 Uhr und endete um 23:25:00 Uhr.

Die Aufzeichnungen erfolgten per Hand und geben so nur einen groben Überblick über die Ereignisse – für mich jedoch völlig ausreichend, um den Effekt zweifelsfrei nachzuweisen.

Hier der Verlauf der Sitzung in Zeit und Gewichtsangaben: Start - Einleitung der Hypnose

Zeit	Masse	Differenz
20:59:20 Uhr	64,340 kg	Startgewicht
20:59:40 Uhr	64,100 kg	- 240 Gramm
21:00:00 Uhr	64,080 kg	- 20 Gramm
21:03:30 Uhr	64,120 kg	+ 40 Gramm
21:04:00 Uhr	64,140 kg	+ 20 Gramm
21:04:20 Uhr	64,160 kg	+ 20 Gramm
21:05:10 Uhr	64,220 kg	+ 60 Gramm

21:06:00 Uhr	64,280 kg	+ 20 Gramm
21:09:40 Uhr	64,100 kg	- 180 Gramm
21:11:20 Uhr	64,000 kg	- 100 Gramm
21:12:00 Uhr	63,980 Kg	- 100 Gramm
21:15:15 Uhr	63,960 kg	- 20 Gramm
21:18:30 Uhr	63,920 kg	- 80 Gramm
21:37:10 Uhr	64,180 kg	+280 Gramm Proband im Esdaile State*
21:52:50 Uhr	63,680 kg	- 500 Gramm

Gewicht zu Beginn der Hypnose: 64,340 kg

Gewicht am Ende der Hypnose: 63,680 Kg

Maximale Differenz: minus   **- 0,660 kg = - 660 Gramm**

Das Ergebnis des Versuchs zeigt eine Massenveränderung während der Hypnose von etwas mehr als minus 1% des Körpergewichts bei dieser Probandin und in dieser Sitzung, mit einer Dauer von etwas unter einer Stunde.

Auffallend ist, dass es zwischendurch auch wieder zur extremen Massezunahme kam und es gibt eine Erklärung für die Ursache dieser Auf - und Abwärtsbewegungen. Über das Startgewicht hinaus bewegten sich die Massenveränderungen meinen Beobachtungen zufolge nicht.

(Korrektur dieser Feststellung – am 17.09.2015 habe ich nachmittags eine Hypnose bei meiner Mutter durchgeführt, welche extrem emotional verlief, weil sich mein Vater im Krankenhaus befand und sein Zustand äußerst ernst zu nehmen war und bei dieser Sitzung stieg das Gewicht über den Wert zu Beginn der Hypnose hinaus).

Später in diesem Buch mehr dazu.

Die unregelmäßigen Zeitnahmen tragen dem Umstand Rechnung, dass ich ja auch damit beschäftigt war, die Hypnose aktiv durchzuführen. Künftige Sitzungen werden per Video aufgezeichnet und von der Firma Sartorius-Intec wurden mir mittlerweile und freundlicherweise zwei Waagen zur Verfügung gestellt (inklusive Software), die höchst präzise Ergebnisse liefern und über eine PC-Schnittstelle verfügen, so dass Liniendiagramme erstellt und Sitzungen lückenlos aufgezeichnet werden können.

Herzlichen Dank an das freundliche Team von Sartorius-Intec, vertreten durch Herrn Markus Leibold, für diese tolle Unterstützung.

Höchst vorsorglich erwähne ich noch, dass sich die Probandin während der Hypnose nicht bewegte, keine Pause machte, nichts zu sich nahm und außer ihren feinstofflichen Feldern auch nichts von sich gab. Um 23:25 Uhr, ca. 1,5 Stunden nach Beendigung der Hypnosesitzung und vor der Heimfahrt meines Gastes, führten wir rein interessehalber nochmals eine Wägung durch, unter Beachtung der unveränderten Bekleidung (Jacke und Schuhe) jedoch ohne Berücksichtigung des zwischenzeitlich genossenen Rotweines (ohne Besuch der Toilette), der als zusätzliche Masse addiert werden müsste und zu berücksichtigen wäre aber hier ignoriert wurde und es war festzustellen, dass meiner Versuchsperson zu diesem Zeitpunkt immer noch 340 Gramm „fehlten".

*(Esdaile State, benannt nach James Esdaile, auch Koma-Hypnose genannt - sehr tiefer Zustand der Hypnose, in dem problemlos selbst Amputationen ohne Narkose durchgeführt werden könnten)

Wägeexperiment II

Hier der Verlauf der Sitzung mit meiner Mutter, in Zeit- und Gewichtsangaben, bei der es auch zu einer Überbietung des Startgewichts kam (bei regungsloser Körperhaltung in tiefer Trance).

Start der Sitzung:

15:06:00 Uhr am Donnerstag, den 17.09.2015

15:06:00 Uhr	52,920 kg	Startgewicht
15:10:35 Uhr	52,660 kg	- 260 Gramm
15:11:00 Uhr	52,560 kg	- 100 Gramm
15:11:10 Uhr	52,500 kg	- 60 Gramm
15:11:30 Uhr	52,440 kg	- 60 Gramm
15:11:45 Uhr	52,500 kg	+ 60 Gramm
15:12:00 Uhr	52,460 kg	- 40 Gramm
15:12:10 Uhr	52,440 kg	- 20 Gramm
15:12:20 Uhr	52,420 kg	- 20 Gramm
15:13:00 Uhr	52,380 kg	- 40 Gramm
15:13:15 Uhr	52,340 kg	- 40 Gramm
15:13:30 Uhr	52,320 kg	- 20 Gramm
15:14:10 Uhr	52,300 kg	- 20 Gramm
15:14:35 Uhr	52,280 kg	- 20 Gramm
15:15:00 Uhr	52,300 kg	+ 20 Gramm

15:15:20 Uhr	52,280 kg	- 20 Gramm
15:15:40 Uhr	52,240 kg	- 40 Gramm
15:16:25 Uhr	52,200 kg	- 40 Gramm
15:17:10 Uhr	52,180 kg	- 20 Gramm
15:18:20 Uhr	52,120 kg	- 60 Gramm
15:18:40 Uhr	52,080 kg	- 40 Gramm
15:22:15 Uhr	52,060 kg	- 20 Gramm
15:26:00 Uhr	52,000 kg	- 60 Gramm
15:28:00 Uhr	52,080 kg	+ 80 Gramm
15:28:50 Uhr	52,120 kg	+ 40 Gramm
15:29:30 Uhr	52,100 kg	- 20 Gramm
15:29:45 Uhr	52,080 kg	- 20 Gramm
15.32.00 Uhr	52;120 kg	+ 40 Gramm
15:32:30 Uhr	52,140 kg	+ 20 Gramm
15:34:45 Uhr	52,100 kg	- 40 Gramm
15:38:30 Uhr	52,160 kg	+ 60 Gramm
16:00:00 Uhr	52,260 kg	+ 100 Gramm
16:00:05 Uhr	52,240 kg	- 20 Gramm
16:00:15 Uhr	15 52,180 kg	- 60 Gramm
16:05:05 Uhr	52,260 kg	+ 80 Gramm
16:05:15 Uhr	52,180 kg	- 80 Gramm
16:13:00 Uhr	**53,040 kg**	**+ 860 Gramm** **(120g über Startgewicht)**

16:13:10 Uhr	52,600 kg	- 440 Gramm *

*innerhalb einer Sekunde lief die Anzeige der Waage um diesen Wert rückwärts!

Ob der extreme Anstieg ebenso rasant ablief, kann ich nicht sagen, da ich leider nicht andauernd auf die Anzeige schauen kann. Die Videoaufzeichnungen werden es zeigen.

Startgewicht:

52,920 kg

niedrigstes Gewicht:

52,000 kg (minus 920 Gramm/ Startgewicht)

maximales Gewicht:

53,040 kg (plus 120 Gramm/Startgewicht)

das ergibt eine maximale Massendifferenz von:

1 Kilo und 40 Gramm

(und führte somit zum Titel meines Buches „1 Kilo 40 Gramm, Krebs – Hypnose – und die unsichtbare Welt [Amazon])

das entspricht **1.965 %** des Körpergewichts!

Das Startgewicht wurde im Maximum um 120 Gramm überschritten!

Unglaublich, finden Sie nicht auch?

Diese Fakten verändern die moderne Menschheitsgeschichte. Die Urvölker waren und sind sich der „Anderswelt" bewusst, alle paar Jahrhunderte wurde sie in den verschiedensten Regionen der Welt anders bezeichnet: „Brahna" - „Chi" - „Akasha" - „morphogenetisches Feld" oder „Matrix". Das letzte Wort verwende ich in diesem Buch, weil es sehr klar ist – und irgendwie neutral und griffig. Es handelt sich hierbei um das universelle Bewusstsein, aus dem wir herstammen und (nach bisheriger [teils angezweifelter] Meinung) nach dem irdischen Tod wieder hingehen. Die Erkenntnisse aus meinen Wägeexperimenten zeigen auf, dass unsere Seelenanteile ständig mehr oder weniger ausgeprägt in dieses Feld hinein „tunneln" und von dort mit neuen Informationen zurück kehren.

Beweisen ließ sie sich bis heute nicht eindeutig.

Diese Zeit ist vorbei und wie die Wägeexperimente zeigen, sind wir noch nicht am Ende der Faszination angelangt.

Wägeexperiment III – der „Mittermeier-Effekt"

Gestern Abend war es zum ersten Mal soweit und wie bereits vermutet, bestätigte sich auch diesmal meine Annahme!

Der **„Mittermeier-Effekt"** tritt ein!

Beide beteiligten Körper erfahren Massendifferenzen!

Da auch ich ein Ego besitze und gerne so berühmt werden möchte wie Tarzan, habe ich beschlossen, den folgenden, von mir entdeckten Sachverhalt, nach dem Namen meiner Familie zu benennen.

Er soll als der **„Mittermeier-Effekt"** in die Geschichte eingehen und vielen Studenten, Professoren, Physikern und Akademikern Kopfzerbrechen bereiten.

Die Wägeexperimente sind leicht nachzumachen und mit noch besserem Equipment an den Unis perfekt aufzuzeichnen und unter den verschiedensten Bedingungen zu studieren. Die Frage, warum diese Massendifferenzen auftreten, wird für reichlich Kopfzerbrechen sorgen.

Jeder einzelne von uns Menschen besitzt einen feinstofflichen Körper, welcher Zugriff auf das komplette Informationspaket des Universums hat. Und das ist noch nicht alles. Dasselbe trifft auf Tiere, Pflanzen und jede Form von Materie zu – egal ob organischer- oder

anorganischer Natur und alles kommuniziert untereinander!

Wer sich einbildet, aufgrund seiner Bildung weniger Wert zu sein als ein Anderer, der irrt! Wenn es im Tagesbewusstsein nicht klappen will, hängt das damit zusammen, dass ohne entsprechendes Training nicht jederzeit bewusst auf die Matrix zugegriffen werden kann.

Wenn Sie also ein Leben lang „nur" Reinigungskraft sind, und am letzten Tag Ihres aktiven Berufslebens in dem Gang des Stockwerkes, das Sie gerade reinigen, ein Kind davor bewahren aus einem Fester zu stürzen, haben sie nach dem „göttlichen Plan" vielleicht mehr geleistet als irgend ein Industriemanager, der am Ende seiner Karriere unter Umständen feststellen muss, dass er zwar ein höchst erfolgreicher Geschäftsmann war, dafür sein privates Leben völlig verpasst hat. Jede Seele hat ihren Plan zu erfüllen!

Obzwar das erste Doppelexperiment nicht optimal verlaufen ist, war der vermutete Effekt erneut nachzuweisen. Die technische Seite bereitete kleinere Probleme und verzögerte den Start des Experimentes. Dadurch hat sich gezeigt, wie wichtig es ist, dass der Hypnotiseur ausgeglichen, ruhig und voll konzentriert an die Sache herangehen kann.

Jede Ablenkung im Vorfeld hindert ihn daran, die so wichtigen Emotionen und Gefühle in Ruhe aufzubauen.

Sehr deutlich war für mich ebenso zu spüren, dass der emotionale Lösungsdruck von Seiten des Probanden erheblichen Einfluss auf die Leistungsfähigkeit des Hypnotiseurs hat.

Die Videoaufzeichnung hat ergeben, dass die gesamte Sitzung in Bezug auf Massendifferenzen mehr oder weniger auf einem sehr flachen Niveau ablief.

Die Sitzung begann um 17:48 Uhr am Dienstag, den 29.09.2015 und endete ca. 45 Minuten später.

Diesmal mit zwei Waagen

Jetzt wird mit zwei Waagen gearbeitet:

Die eine zeichnet die Massenveränderung des Hypnotiseurs auf, in diesem Fall meine, die Zweite die des Probanden.

Autor			Proband		
17:48:00 Uhr	100,420 kg	Start	17:48:00 Uhr	62,420 kg	Start
18:19:10 Uhr	100,500 kg	+ 80g	18:19:20 Uhr	62,380 kg	- 40g
18:26:30 Uhr	100,480 kg	- 20g	18:26:40 Uhr	62,400 kg	+ 20g

plus 80 Gramm minus 40 Gramm

jeweils maximale Massendifferenz

Das Ergebnis zeigt, dass es bei beiden Personen zu

erheblichen Massenveränderungen **(Mittermeier-Effekt)**

und zu einer verschränkten Interaktion kommt.

Die beteiligten Personen befinden sich dabei im „Mittermeier State"

Auf youtube können Sie künftig Sitzungsverläufe nachverfolgen, eine Reproduzierbarkeit ist bereits nachgewiesen.

Die Massendifferenzen fallen jeweils unterschiedlich aus.

Es ist absolut wichtig zu verstehen, dass es bei diesem Effekt nicht um die Hypnose selbst geht, sondern um die Verschränkung zweier Systeme (Menschen in diesem Fall) durch den Einsatz von Hypnosetechniken und dass es sich gleichzeitig bei den ablaufenden Ereignissen um eine neue Art von Physik handelt – und zwar um Ereignisse, außerhalb der elektromagnetischen Wechselwirkung.

Wir können diese Felder wiegen, weil sie Masse besitzen. Sehen können wir sie nicht, zumindest nicht mit unseren grobstofflichen Augen und doch sind sie vorhanden.

Mit Hilfe der bekannten Formel: **$E = mc^2$** lässt sich auch deren Energiemenge leicht berechnen. Stellen Sie sich vor, wie groß (alleine nur) die potentielle Energie des abkoppelnden feinstofflichen Seelenanteils eines Menschen unter Hypnose ist. 1 Kilo 40 Gramm (im bisherigen Höchstwert), während ein einzelner Blitz nur ca. 180 Mikrogramm „auf die Waage bringt" und damit schon reichlich, im Vergleich zu unserer Seele jedoch praktisch null Energie besitzt. Da unsere Seele mit Sicherheit nicht zu 100% abkoppelt, verbleibt noch ein gehöriger Teil an Seelenmasse und somit Energie in unserem Körper zurück.

(**E** [Energie] **=** **m** [Masse/Gewicht] multipliziert mit **c**^{2} [dem Quatrat der Lichtgeschwindigkeit])

Mit einem Kollegen zusammen werden wir ein Video mit einer Kirlian-Kamera drehen, auf dem hoffentlich etwas zu sehen sein wird, wenn wir eine entsprechende Verschränkung zwischen zwei Probanden einleiten. Ich bin schon total gespannt auf das Ergebnis!

Die bisherige Physik schreibt vor, dass Versuche unter anderem, stets orts- und zeitunabhängig reproduzierbar sein müssen. Dies gelang bei der Bestimmung von Massen bisher nicht immer exakt und es hätte bei entsprechender Beachtung alleine deshalb bereits längst erkannt werden müssen, dass hierbei noch eine Unbekannte in der Gleichung fehlt.

Einem kürzlich gezeigten TV-Bericht zufolge wurden immer wieder einmal unerklärliche Gewichtsschwankungen beim sogenannten Ur-Kilo festgestellt und das Selbe trifft auf die weiteren, weltweit platzierten Ur-Proben zu. Die Physiker sollten sich erst einmal mit diesen Metallkugeln verschränken – dann möchte ich gerne ihre Gesichter sehen.

Die Massendifferenzen zweier Personen unter Verschränkung werden niemals vorhersehbar, oder berechenbar sein.

Seit Beginn des Experiments sind ausnahmslos bei allen Versuchspersonen Massenunterschiede aufgetreten!

Je größer das (seelische) Problem, also je größer der emotionale Lösungsdruck beim Probanden, als auch beim Hypnotiseur ist, desto größer fallen die Gewichtsunterschiede aus.

Hier weitere Aufzeichnung verschiedener Sitzungen mit den unterschiedlichsten Personen:

Name Proband: Claudia B. (weiblich, 52 Jahre alt)

Datum: 17.Okt. 2015

Waage: Sartorius Intec Präzisionswaage 150kg/5g

Zeit	Gewicht/kg	Differenz
13:36:35	51:115	+/- 0 Start
13:47:45	51,110	- 5g
14:06:20	51,105	- 5g
14:15:20	51,100	- 5g
14:39:50	51,090	- 10g
14:52:00	51,080	- 10g
14:56:00	51,075	- 5g
15:13:05	51,070	- 5g
15:29:40	51,065	- 5g

1 Stunden - 53 Min – 5 Sec = -50g/Startgewicht

Name Proband: Lisa G. (weiblich, 21 Jahre alt)

Datum: 08. Nov. 2015

Waage: Sartorius Intec Präzisionswaage 150kg/5g

Zeit	Gewicht/kg	Differenz
10:49:00	51,980	+/- 0 Start
10:52:00	51,900	- 80g
11:01:45	51,880	- 20g
11:28:50	51,860	- 20g

0 Stunden - 39 Minuten – 50 Sec = -120g/Startgewicht

Diese Hypnose wurde mit einer Blitzhypnose eingeleitet und im Stehen durchgeführt.

Name Proband: Mathilde B. (weiblich, 52 Jahre alt)

Datum: 18.Nov. 2015

Waage: Sartorius Intec Präzisionswaage 150kg/5g

Zeit	Gewicht/kg	Differenz
15:24:10	78,260	+/0 Start
15:35:00	78,240	- 20g
15:45:45	78,220	- 20g
16:46:10	78,200	- 20g

1 Stunde - 22 Min – 0 Sec = -60g/Startgewicht

Name Proband: Ernst S. (männlich, 68 Jahre alt)

Datum: 30.Nov. 2015

Waage: Sartorius Intec Präzisionswaage 150kg/5g

Zeit	Gewicht/kg	Differenz
11:25:30	85,205	+/- 0 Start
11:40:00	85,200	- 5g
11:51:45	85,195	- 5g
11:59:59	85,190	- 5g
12:10:10	85,185	- 5g
12:18:50	85,180	-5g
12:26:10	85,175	- 5g
12:36:20	85,170	- 5g
12:45:05	85,165	- 5g
12:58:50	85,160	- 5g
13:04:50	85,155	- 5g Ende

1 Stunden - 39 Min - 20 Sec = -50g/Startgewicht

Name Proband: Dominik M. (männlich, 8 Jahre alt)

Datum: 30.Nov. 2015

Waage: Sartorius Intec Präzisionswaage 150kg/5g

Zeit	Gewicht/kg	Differenz
16:09:30	37,935	+/- 0 Start
16:13:10	37,920	- 15g
16:16:20	37,915	- 5g
16:31:45	37,910	- 5g
16:39:50	37,905	- 5g
16:45:45	37,900	- 5g Ende

0 Stunden - 36 Min - 15 Sec = -35g/Startgewicht

Name Proband: Erika S. (weiblich, 72 Jahre alt)

Datum: 08.Dez. 2015

Waage: Sartorius Intec Präzisionswaage 150kg/5g

Zeit	Gewicht/kg	Differenz
11:53:50	76,015	+/- 0 Start
11:54:30	76,010	- 5g
11:57:05	76,000	- 10g
12:12:25	76,995	- 5g
12:23:04	76,990	- 5g
12:35:45	76,985	- 5g
12:52:35	76,980	- 5g

0 Stunden – 58 Min – 45 Sec = -35g/Startgewicht

Proband: Martina D. (weiblich, 58 Jahre alt)

Datum: 16.Dez. 2015

Waage: Sartorius Intec Präzisionswaage 150kg/5g

Zeit	Gewicht/kg	Differenz
09:37:00	65,165	+/0 Start
09:45:00	65,160	- 5g
09:52:00	65,155	- 5g
10:04:00	65, 150	- 5g
10:18:00	65,145	- 5g
10:20:00	65,140	- 5g
10:35:00	65,135	- 5g
10:54:00	63,135	- 5g

1 Stunde - 17 Min - 0 Sec = -35g/Startgewicht

Name Proband: Renate G. (weiblich, 50 Jahre alt)

Datum: 17.Dez. 2015

Waage: Sartorius Intec Präzisionswaage 150kg/5g

Zeit	Gewicht/kg	Differenz
16:22:00	63,180	+/0 Start
16:53:50	63,200	+ 20g
16:54:35	63,180	- 20g
16:54:45	63,200	+ 20g

0 Stunden - 32 Min – 45 Sec = +20g/Startgewicht

Soviel zum Gewicht der (menschlichen) Seele/n.

Transplantation von Organen

Auch jedes einzelne Organ besitzt einen Seelenanteil!

Wiederum ist es absolut wichtig zu verstehen, dass es auch hier, bei diesem Effekt nicht um Hypnose geht, sondern um die Verschränkung mehrerer Systeme (Menschen), die durch den Einsatz von Hypnosetechniken beeinflusst werden können und dass es sich gleichzeitig bei den ablaufenden Ereignissen um einen völlig neuen Bereich der Physik/Medizin handelt – und zwar, wie bereits erwähnt, um Ereignisse außerhalb der elektromagnetischen Wechselwirkung.

Bei der Transplantation von Organen bleibt bisher völlig unberücksichtigt, dass auch jedes einzelne Organ ein feinstoffliches Feld, eine Seele bzw. einen Seelenanteil besitzt, welcher bei der Übertragung des grobstofflichen Organs teilweise mit übertragen wird, während ein anderer Teil davon in der nun leeren Körperhöhle verbleibt (bei Pflanzen lässt sich dieser Sachverhalt mit Hilfe der Kirlian-Fotografie nachweisen. Beim abgepflückten Blatt ebenso wie bei dem Ast, von welchem das Blatt entfernt wurde. Dort ist der Seelenanteil in seiner Blattform noch viele Stunden- manchmal Tagelang zu sehen).

Das zu ersetzende Organ wird „just in time" ausgetauscht, während das Spenderorgan oftmals bereits eine Zeit lang unterwegs ist und vom Empfänger aus gesehen meist auch räumlich weiter entfernt entnommen wurde. Ein Teil seines

Feldes koppelt nicht vollständig ab, oder spaltet sich auf und kann so unter entsprechenden Umständen mit transplantiert werden. Wird das geschädigte Organ beim Empfänger entfernt, verbleibt ein Teil dessen feinstofflichen Feldes, sein Seelenanteil, noch für einen längeren Zeitraum an Ort und Stelle (der Zielort der Transplantation ist grobstofflich frei, aber feinstofflich/seelisch belegt). Das die sich hieraus ergebende doppelte, feinstoffliche/seelische Belegung eines grobstofflichen Raumes zu Problemen führen muss, erscheint mir logisch. Besonders tragisch dürfte sich auswirken, dass die individuelle Assoziation persönlich zusammengehörender Zellen eines Individuums (Körper, Geist und Seele), aufgrund seiner Verschränkung einen permanenten Informationsaustausch praktizieren, was dazu führt, dass wenn der Organspender letztendlich stirbt, die transplantierten Zellverbände per Informationsaustausch ebenfalls sterben und im Körper des Empfängers dann seelisch tot sind. Die Seelenanteile des Organs koppeln nach und nach ab und können mit an Sicherheit grenzender Wahrscheinlichkeit nicht ohne weiteres von Seelenanteilen des Empfängers besetzt werden. Das Spenderorgan wird lediglich durch den Körper des Organempfängers künstlich am (grobstofflichen) Leben erhalten, wie der Spender selbst zuvor auch bereits durch die Maschinen in der Klinik. Nur entsprechend starke Medikamente können verhindern, dass Organe abgestoßen werden. Der Lösungsansatz für dieses Problem liegt meines Erachtens darin, dass dem zu übertragendem Organ und dem

Empfänger entweder die entsprechende feinstoffliche Information mit übertragen werden muss, oder aber die Feldladungen neutralisiert werden müssen und zwar die des Organs ebenso, wie die in der Körperhöhle des Empfängers, was mit bestimmten Techniken sehr wahrscheinlich erreicht werden kann. Dieser Sachverhalt ließe sich sicher mit Hilfe der Kirlian- oder Koronaentladungsfotografie, genau wie bei den pflanzlichen Blättern, relativ einfach kontollieren und sollte dringend beachtet werden, was zu weniger Problemen mit Abstoßungsreaktionen führen dürfte. Bei eineiigen Zwillingen treten diese Probleme erst gar nicht auf – warum wohl? Synchronizität auch im feinstofflichen/seelischen Bereich? Zwei identische Felder/Seelen, oder eine gemeinsam genutzte Seele? Vielleicht besteht deshalb die oft erwähnte, auffallend ausgeprägte telepathische Verbindung zwischen eineiigen Zwillingen.

Im Schamanismus wird hier von fremden Seelenanteilen gesprochen. Seelenanteilen, die es abzugeben, oder für den Fall des Verlustes eigener Seelenanteilen, zurückzuholen gilt. Jeder Chirurg, der dies hier liest, wird sich jetzt vermutlich an den Kopf greifen. Wer jedoch zurückblickt, als Arzt, der weiß selbst am besten, wie viele Dinge früher unberücksichtigt blieben in der Medizin und so für manchen Misserfolg sorgten. Allein die Erkenntnis über die Wichtigkeit der Blutgruppenkompatibilität ermöglichte erst einigermaßen erfolgreiche Transplantationen. Könnte es da nicht gut möglich sein, dass ebenso andere Gruppen kompatibel sein müssen, um noch bessere Erfolge zu erzielen, mit noch besseren Langzeiterfolgen, bei geringerer Medikation?

Den Nachweis kann jedes Transplantationszentrum für sich selbst erbringen, in dem es entsprechende Wägeexperimente durchführt. Es wird feststellen müssen, dass bei entnommenen Organen Massenveränderungen eintreten, mit positiven oder auch negativen Vorzeichen (entropisch, negentropisch, oder abwechselnden Feldladungen der feinstofflichen Anteile der Organe, die entnommen wurden), auch abhängig von der Zeitdauer des Transports. Die Wägung sollte fortlaufend unternommen und aufgezeichnet werden, um entsprechende Schlüsse für die Zukunft daraus ziehen zu können. Ein erschütterungsfreier Transport ist unvorteilhafter!

Herausgerissen aus seinem persönlichen Familien-Seelenverband ist das Organ schutzlos wie ein Kind, das verloren geht. Es durchquert (vor allem in den betroffenen Kliniken) andere abgekoppelte feinstoffliche Seelenfelder mit unterschiedlichen Ladungen, was Auswirkungen nach sich ziehen kann.

Ein Flüssigkeitsverlust muss ausgeschlossen werden, um das Ergebnis korrekt zu erfassen. Ich wäre nicht sonderlich überrascht, wenn auch hier die festzustellenden Massendifferenzen im Bereich von ca. 1–2% der Organmasse liegen würden.

Diese Zeilen oben waren bereits geschrieben, deshalb die Beweisführung hier als Nachtrag:

Die ersten Aufzeichnungen über ein diesbezügliches Wägeexperiment, durchgeführt mit einer eichfähigen Sartorius Präzisions-Goldwaage aus dem Dentalbereich mit einer Messgenauigkeit von 0,1 Gramm und einer max. Obergrenze von 305 Gramm, weswegen mit dem Organ eines Jungtieres gearbeitet werden musste.

(Das Tier wurde nicht extra wegen dieses Experiments geschlachtet).

Am Montag, 26.Oktober 2015, 02.58 Uhr morgens im Schlachtbereich einer nahe gelegenen Metzgerei wurde ein Schweineherz zehn Minuten nach der Schlachtung in einem luftdicht verschlossenem Behälter um 03.08 Uhr noch vor Ort verwogen: Entnahmezeitpunkt: 03.08 Uhr

Aufbringen auf die Waage: 03:08 Uhr

Gewicht: 127,4 Gramm Zeit Gewicht Differenz

03:08 Uhr	127,4g	Start
03:17 Uhr	127,5g	+ 0,1g
03:19 Uhr	127,4g	- 0,1g
03:28 Uhr	127,5g	+ 0,1g
03:34 Uhr	127,6g	+ 0,1g
04:10 Uhr	127,8g	+ 0,2g

04:41 Uhr	127,9g	+ 0,1g

Masse**zunahme** innerhalb 1 Stunde 33 Minuten:

0,5 Gramm = 0,393%

Ob eine Massenveränderung in den ersten 8 Minuten vorlag und wenn ja, in welcher Größenordnung, konnte von mir aus verständlichen Gründen nicht festgestellt werden. Auch, ob es zu einer Massenveränderung im Vorfeld der Schlachtung kommt/kam, wäre interessant zu wissen. Logisch wäre es allemal und rätselhaft zugleich. Warum? Weil ich denke, das im Falle des Todes beim Menschen, schon vor dem Tod ein Großteil der Seele abkoppelt und im Moment des Todes nur noch der Rest der Seele. Wenn man das Ergebnis des Experiments mit dem Tierherz analysiert, so ist festzustellen, dass hier nochmals irgendetwas „zurückkommt"!? *

Die ab Versuchsbeginn zunächst um 0,1 Gramm ansteigende Masse des Organs zeigt das Abkoppeln eines Feldanteils mit negativem Vorzeichen der Feldladung an (eine ordnende Eigenschaft baute sich auf) und wechselte gleich darauf zurück zum Startgewicht, um erst etwas später wieder, durch Massenanstieg seinen Ordnungszustand weiter zu erhöhen.

Bis Donnerstag, den 29.10.2015 08:30 Uhr, wog das Organ nur noch 27,2 Gramm – das sind minus 0,2 Gramm im Vergleich zur ursprünglichen Masse des Organs. Die Dinge haben sich in nur wenigen Tagen drastisch verändert, was ebenso Auswirkungen hat auf einem eventuellen Verzehr (bei Nahrungsmitteln [auch bei pflanzlichen]), als auch bei einer Transplantation.

Die Interpretation der Endmasse lässt Spielraum für neue Forschungsfelder: handelt es sich hierbei um die Netto-Endmasse der Materie, oder koppelt erneut ein feinstoffliches Feld mit entgegengesetzter Ladung an? Entsteht gar neues Leben (mikroskopisch) mit neuen, eigenen Seelenanteilen?

(der Behälter wurde zwischendurch nicht geöffnet, die Raumtemperatur blieb konstant).

Es stellt sich mir ferner die Frage, was der amerikanische Arzt hätte feststellen können, wenn er seine Wägeexperimente mehrere Stunden über das Ableben seiner Probanden hinaus weiter betrieben hätte.

* Eine Einäscherung verstorbener Menschen sollte dem Volksmund nach frühestens sieben Tage nach dem Tode stattfinden – nicht früher. Die Seele braucht für diese Zeit noch den Kontakt zum verlassenen Körper, um sich „auf der anderen Seite" besser zu Recht zu finden, hieß es. Verstorbene merken zunächst oft gar nicht, dass sie tot sind. Sie nehmen ihren Körper auch optisch noch wahr, vermissen jedoch bald seine „Festigkeit".

Hypnoonkologie

In Obergolding bei Landshut, betreibe ich ein Zentrum für medizinische Hypnopädie und Hypnoonkologie.

Dieses Zentrum habe ich gegründet, weil bei meiner allerersten Hypnose, die ich bei einer an Krebs erkrankten Frau durchführte, der Krebs inklusive der Metastasen innerhalb kurzer Zeit spurlos verschwand. Bei den Nachforschungen, warum dies geschah, kam ich auf die in diesem Buch veröffentlichten Sachverhalte.

Da ich keine Heilerlaubnis besitze, unterrichte ich Ärzte, Heilpraktiker und Hypnotiseure mit Heilerlaubnis in hypnoonkologischen Techniken, oder arbeite auf Wunsch im Zuge der ärztlichen Delegationsbefugnis in Praxen oder Kliniken. Allerdings ist diese Tätigkeit nicht ganz ungefährlich, wie ich im Anschluss unter „Bruno Gröning" darlegen werde.

Was geschieht in hypnoonkologischen Sitzungen?

In einer hypnoonkologischen Sitzung kommt es zur Verschränkung zwischen Hypnotiseur und Hypnotisand (Mittermeier State). Beide beteiligten Personen erfahren Massendifferenzen (Mittermeier Effekt), d.h. bei beiden Personen gehen Seelenanteile, gemeinsam „auf die Reise". Ein vorübergehender Gewichtsverlust beschreibt den Zustand einer sich einstellenden Unordnung bzw. dem Abkoppeln von Unordnung. Eine Gewichtszunahme beschreibt die Rückkehr von Seelenanteilen in geordnetem Zustand. Es ist ja schwer zu beweisen, was genau passiert. Wiegen kann man es jedenfalls und die Auswirkungen kann man auch Beobachten. Was ganz genau abläuft, kann man nur durch DIW erfassen.

Bei einer Probandin wurde vor ca. einem Jahr Brustkrebs diagnostiziert und sie war vor Beginn der Experimente mit den Waagen bereits mehrmals zur Hypnose bei mir. Die linke Brust wurde operativ entfernt, Chemo und Bestrahlung wurde seitens der Patientin abgelehnt, einer Hormontherapie hat sie zugestimmt und parallel dazu nutzt sie hypnookologische Verfahren. Ihr Allgemeinzustand ist bis heute ausgezeichnet.

Auch bei ihr war eine auffallende Massenabnahme zu verzeichnen, besonders ausgeprägt in WE I (Wägeexperiment I) – und nur noch mäßig in WE III. Es ist nur eine Vermutung, aber ich denke, der Körper wird in den Sitzungen auf eine gewisse Art und Weise „durchgesiebt". Felder werden abgegeben und sortiert wieder zurückgeholt, weshalb mir ständig die Bilder eines Defragmentierungsdurchlaufs bei einem PC durch den Kopf gehen. Die Tatsache, dass beim WE I noch Massen fehlten, als die Hypnosesitzung längst vorbei war, weist für mich darauf hin, dass die Defragmentierung noch nicht abgeschlossen war und wohl noch Stunden lang weiterlief. Zur Erinnerung:

Ein Abfließen entropischer Feldladungen (positives Vorzeichen) vom Objekt = abgeben von ungeordneten (auch falsch geordneten) Zuständen, Masse der Person nimmt ab, Unordnung koppelt ab.

Nach der „Defragmentierung" kehrt sich der Prozess um. Feinstoffliche Masse kommt geordnet zurück – Masse baut sich auf - Gesamtordnung baut sich neu auf.

Bei WE III war nur noch eine geringe Massenveränderung nach unten zu beobachten, aber auch diese hatte noch ordnungsschaffenden Karakter – es geht an die Feinarbeit der Heilung.

Was ist Verschränkung

Das ist die wichtigste und vom Autor nachgewiesene Erkenntnis über Hypnose! Im Idealfall kommt es während (aber auch bereits vor und nach einer Hypnosesitzung) zur Verschränkung zwischen dem Hypnotiseur und dem Hypnotisand (zwei Seelen gehen aufeinander ein bzw. in Resonanz).

Was bedeutet das?

Ein Physiker könnte diesen Effekt sehr viel präziser erklären.

Ich werde es mit meinen Worten und so einfach wie möglich beschreiben, weil ich davon ausgehe und weil ich mir das sogar ganz besonders wünsche, dass auch Kinder dieses Buch lesen und verstehen sollen. Wenn Sie erwachsen sind, lieber Leser, stellen Sie sich bitte einfach vor, Sie wären für einen Moment lang wieder Kind. Deshalb wähle ich das „Du".

Stell dir vor, Du stehst vor einem Spiegel und betrachtest dein Spiegelbild. Alles was Du von dir im Spiegel siehst, verhält sich genau so wie Du. Hebst Du den Arm, tut dies dein Spiegelbild ebenso. Streckst du die Zunge heraus, passiert das gleiche und zwar ohne Zeitverlust (allerdings gebunden an die Lichtgeschwindigkeit). Wenn sich zwei Systeme verschränken, verhalten sie sich synchron, das heißt, sie tun genau das Selbe, was das Andere tut – eben spiegelgleich! Man weiß von subatomaren Teilchen, den Quanten, dass sie das auch können, jedoch ohne Bindung an die Lichtgeschwindigkeit. Sie operieren in der „Nullzeit"! Spaltet man ein Elektron in zwei Teile, so sind diese beiden gespaltenen Teilchen miteinander „verschränkt", egal wie weit sie sich von einander entfernen. Ändert ein Teilchen seinen Spin (seine Drehrichtung), so ändert auch das zweite Teilchen genau im gleichen Moment seine Drehrichtung entsprechend und verhält sich exakt so, wie das Andere. Selbst dann, wenn die beiden Teilchen sich jeweils mit Lichtgeschwindigkeit von einander wegbewegen, besteht ein gegenseitiger

Informationsaustausch in „Nullzeit" (und somit logischerweise immer schneller als mit Lichtgeschwindigkeit).

Im folgendem Video
https://www.youtube.com/watch?v=A2_Skxy4Vgg

wird Verschränkung nachgewiesen. In diesem Fall zwischen einem Heiler und seinem Patienten.

Unter hypnotischer Verschränkung kann alleine durch unbeirrbares, emotionales Wünschen (sich ein gewünschtes Ergebnis vorstellen) eine Veränderung beim Probanden herbeigeführt werden. Hierbei handelt es sich um einen physikalischen Vorgang (Heisenbergsche Unschärferelation) und nicht etwa um Esoterik. Das kann jeder, der die Technik erlernt und in der Lage ist, alle Zweifel abzulegen.

Was ist DIW

DIW bedeutet: Direkte informative Wahrnehmung

Kindern kann man innerhalb weniger Stunden sich bewusst werden lassen, dass sie die Fähigkeit zur direkt informativen Wahrnehmung besitzen und genauso feinstofflich sehen können, wie parallel auch grobstofflich, weil sie es ganz einfach glauben und weil ihre Seelen noch mehr Kontakt haben zu der Welt, aus der wir kommen!

Durch eine absolut lichtundurchlässige Brille erkennen sie Farben und Gegenstände. Nach etwas Training können sie sich im Raum orientieren und sogar um Hindernisse herum Rad fahren.

Auch die kognitiven Fähigkeiten der Kinder steigern sich durch diese Selbstbewusstseinssteigerung bei regelmäßigem Training ganz automatisch. Die Schulleistungen erhöhen sich auf unerklärliche Weise und das Selbstvertrauen steigt enorm an. Ruhige Kinder werden aktiver und hyperaktive Kinder werden ruhiger dadurch.

Kinder mit ADS/ADHS gibt es durch eine Schulung in dieser Disziplin nicht länger!

ANDERS SEHEN LERNEN kann jeder!

siehe auch Youtube: anders – sehen – lernen (Klaus Mittermeier)! Kurstermine unter: **www.hypno24.com**

Bei Nahtoderfahrungen sehen wir das Geschehen nicht mit unseren grobstofflichen Augen, sondern unsere Seele sieht mit ihren Augen, was am Unfallort geschieht. Überlebt man und kann man sich an die Nahtoderfahrung erinnern, falls man eine hatte, kann man alles genau beschreiben. Die Kinder lernen genau diese Art des Sehens und erreichen nach einer ausreichenden Trainingszeit eine Art Hellsichtigkeit, die im Verlauf des weiteren Lebens sehr hilfreich sein kann.

Bruno Gröning

Als ich von Bruno Gröning zum ersten Mal hörte, sah ich mir Filme über ihn auf youtube an. Dabei ist mir aufgefallen, dass sein Hals eine auffällige Anomalie zeigte, einen Kropf. Die Wunderheilungen, oder wie man es nennen möchte, die er durchführte, sind für mich nichts anderes als physikalische Vorgänge gewesen und sein relativ früher Tod der Preis für sein Geben als Sender. Meine persönlichen Erkenntnisse aus den WE (Wägeexperimenten) lassen mich vermuten, dass er, vor allem bei seinen Massenversammlungen, enormen Belastungen durch das Gruppenfeld (die Summe der bedürftigen Seelen) seiner Gäste ausgesetzt war und die Folgen zu spüren bekam. Nichts desto Trotz glaube ich, dass er die Funktionsweise der Matrix erkannt hatte und zum Wohle seiner Mitmenschen eingesetzt hat. Die Reaktionen von Seiten seiner Gegner und der Justiz waren auch derzeit schon typisch, mittelalterlich, und erinnerten an die noch früheren Hexenverbrennungen.

Die moderne Medizin wäre gut beraten, die tieferen Funktionsprinzipien des Phänomens „Bruno Gröning" vorurteilsfrei zu erforschen.

Es wäre interessant zu wissen, was eine Waage angezeigt hätte, würde Bruno Gröning bei einer seiner Massenveranstaltungen auf einer solchen gestanden haben.

Auch das Auftreten einer eventuellen nuklearen Strahlung wie in der St. James Kirche hätte mich sehr interessiert.

(weitere Einzelheiten über Bruno Gröning und dumme Menschen, unter denen er zu leiden hatte, unter: Wikipedia – Bruno Gröning)

Seelenaktivität setzt atomare Strahlung frei

Ich zitiere hierzu auch, wörtlich aus dem Buch von Herrn Dr. Ulrich Warnke, den ich sehr schätze und dem ich hier ebenso ausdrücklich meine höchste Anerkennung aussprechen möchte, da er mir mit seinen Erklärungen die Einsicht ermöglichte, zu verstehen, was in meinen Hypnosesitzungen genau abläuft (ohne es selbst wiederum genau zu wissen). Zum Thema „ veränderte radioaktive Strahlung schreibt er in seinem Buch:

„Quantenphilosophie und Interwelt - Der Zugang zur verborgenen Essenz des menschlichen Wesens"

Zitat:

„Die eindrucksvollste Dokumentation veränderter radioaktiver Strahlung gelang Lipinski zwischen dem 15. und 19. März 1985 in der Kirche St. James, einer Wallfahrtskirche. Lipinski maß vor und während der Marienerscheinung die Stärke der ionisierenden Strahlung. Dafür benutzte er ein Messgerät, wie es auch in Kernkraftwerken üblich ist, das kanadische Modell BT 400.

Die höchste gemessene Strahlungsintensität betrug 100 000 Millirad pro Stunde, mit extremen Ausschlägen. Diese außerordentliche Strahlung trat aber nur während der intensiven Gebete auf. Lipinski resümierte:

„Es kann sich nicht um Energien nuklearen Ursprungs handeln", und gab folgende Erklärung dafür:

„100 000 Millirad pro Stunde bedeuten, dass die Menschen im Inneren der Kapelle eigentlich einer tödlich wirkenden hoch ionisierenden Strahlung ausgesetzt gewesen sind."

Es waren also gleich zwei „Seltsamkeiten" zu bestaunen: zum einen die extreme radioaktive Strahlung, offenbar verursacht durch die energetische Wirkung von Meditation und Gebet, zum anderen die Tatsache, dass diese – objektiv gemessene – Strahlung nicht schädlich wirkte.

Interpretiert wurde das Geschehen dahingehend, dass Energiefelder zwar messbar sind, dass es sich aber in der Kirche offenbar nicht um die übliche Radioaktivität gehandelt habe. Vielmehr sei eine Kraft wirksam gewesen, die atomare

Abläufe auslöst, welche der Radioaktivität lediglich ähnlich seien.

Obwohl es mittlerweile detailliertes Wissen über die atomaren Prozesse und ihre Beeinflussbarkeit durch den Geist gibt, sind die Phänomene immer wieder verblüffend." (Scorpio Verlag GmbH &Co. KG München - 3. Auflage 2014, Seite 78)

Welche Strahlung maß Lipinski?

Für mich ist auch dies eine sehr wichtige Erkenntnis in Bezug auf die von mir entdeckten hypnoonkologischen Phänomene und ich muss wohl meine Vorstellungskraft um eine Vermutung erweitern: es wäre nur logisch, dass beim Eintreten des „Mittermeier-Effekts" ebenso eine nukleare Strahlung auftritt und durch Messung nachgewiesen werden kann und zwar nukleare Strahlung mit ungefährlicher, vermutlich sogar heilender, feinstofflicher Feldladung, genau wie bei der Gebetsgruppe in der St. James Kirche.

Unschädliche, aber dennoch wirksame nukleare Strahlung mit ordnungsschaffender Eigenschaft, sprich heilender Wirkung.

Haben auch Hunde (Tiere) eine Seele?

Ja!

Am 29.12.2015 besuchte mich Lisa G. zusammen mit ihrer Hündin „Jara", für welche sie sich etwas mehr Selbstvertrauen wünschte, zu einer experimentellen Hypnosesitzung. Das Fräulein und die Hundedame kamen dazu jeweils auf eine Sartorius-Waage und beide zeigten Massedifferenzen während der Hypnose auf.

Bei der Hundedame betrugen diese + 25 Gramm (bei einem Gesamtgewicht von rund 10 kg), bei der Menschendame – 20 Gramm (bei einem Gesamtgewicht von ca. 52 kg).

Daraus folgt: auch Hunde haben eine Seele!

[Video wird demnächst auf youtube veröffentlicht – beide in Trance]

Warum nur 21 Gramm am Schluss?

Warum verlieren wir am wenigsten Seelengewicht wenn wir sterben? Normalerweise müsste es doch umgekehrt sein, dachte ich. Nach einiger Zeit kam mir ein Gedanke, der Sinn machen könnte: als die japanischen Kamikaze-Piloten losgeschickt wurden, um nie mehr zurückzukehren, flogen sie ohne Fallschirm los. Sie hatten also nur das bei sich, was sie am Leibe trugen. Wenn ein Pilot los fliegt, mit der Absicht zu überleben und zurückzukehren, nimmt er einen Fallschirm mit und diese Rückkehreinheit stellt ein notwendiges Zusatzgewicht dar. Wenn wir in den Urlaub fliegen, nehmen wir Reisegepäck für ein längeres Fortbleiben mit und sind somit noch schwerer Unterwegs als der Pilot, der nur für relativ kurze Zeit unterwegs ist. Außerdem bringen wir meist sogar mehr Gepäck zurück, als wir ursprünglich mitgenommen haben und in jedem Fall sind es wertvolle Erfahrungen, schöne Erinnerungen und nicht selten neues Wissen, das belegt, dass die Reise eine Bereicherung für unser zukünftiges Leben war. Vielleicht ist es aber auch so, wie bereits erwähnt, dass der größte Teil unserers feinstofflichen Feldes/unsere Seele bereits eine gewisse Zeit vor dem grobstofflichen Tod unseres Körpers abkoppelt und unser wahres ICH bereits nach hause geht. Der letzte, kleinere Gewichtsverlust beim verlassen des grobstofflichen Körpers im Moment dessen irdischen Todes, bedeutet vielleicht, dass in diesem finalen Augenblick nur noch der

(Seelen)Schlüssel abgezogen wird.

Wenn Sie Probleme haben, mit diesen neuen Erkenntnissen klar zu kommen, kaufen sie sich keinesfalls eines meiner beiden anderen Bücher:

„1 Kilo 40 Gramm" (mit Farbbildern [blau/blue]) oder „1 Kilo 40 Gramm II" ([lila/purple] ohne Bilder, jedoch mit identischem Text wie im blauen Buch).

Wenn Sie jedoch begeistert davon sind und gerne Zeitzeuge sein möchten, bei Entdeckungen über eine neue Welt, die uns umgibt, dann zögern Sie bitte nicht. Gerne lade ich sie hierzu ein und gewähre Ihnen einen „Blick ins Buch". Erfahren sie, wozu diese Erkenntnisse genutzt werden können und warum sie dazu beitragen, selbst unheilbare Krankheiten durch Rückgewinnung der Selbstheilkräfte und des Selbstheilungswissen zu besiegen:

„1 Kilo 40 Gramm – Krebs – Hypnose und die unsichtbare Welt"

Dieses Buch eröffnet Einblicke in den bisher unbekannten, da unsichtbaren Teil unserer Welt und zeigt auf, dass wir Menschen wesentlich mehr sind, als das, was wir im Spiegel zu sehen glauben.

Erkenntnisse über die belebte und unbelebte Natur, die plötzlich ein Gesamtbild entstehen lassen, dessen einzelne Komponenten bisher keine Zusammenhänge vermuten ließen, werden nachgewiesen und sind so brandaktuell, dass der Leser davon ausgehen kann, noch nie von diesen gehört oder gelesen zu haben. Wie die mystifizierte Krankheit Krebs entsteht und wie sie mit Konflikten in Zusammenhang gebracht werden kann. Was Konflikte sind und wie man sie auflösen kann und warum es sich lohnen kann, dies bereits prophylaktisch zu tun, bevor es zur Entstehung von Krebs kommt.

Was über Hypnose bis heute niemand wusste und wie dieses Geheimnis vom Autor gelüftet wurde.

Dieses Buch erklärt, wieso nukleare Strahlung nicht zwangsläufig schädliche Auswirkungen auf Menschen haben muss und wie Quantenheilung tatsächlich funktioniert.

Es hilft die Angst vor dem eigenen Tod aus einem völlig neuen Winkel heraus zu betrachten und bietet Trauerhilfe für verwaiste Eltern und Kinder, nicht zuletzt durch „Zeichen aus dem Jenseits".

Vor allem wird belegt, dass „21 Gramm - das Gewicht der Seele" bei weitem nicht genug sind und die Realität, wie wir sie kennen, neu überdacht werden muss.

Warum hängt leben oder sterben von unseren Gedanken ab und warum auch manchmal von den Gedanken Anderer?

Kann man auch sterben, ohne krank zu sein?

„Das Geheimnis des Lebens" wird ebenso gelüftet, wie das „Geheimnis des Todes" und ebenso der „Sinn des Lebens"!

Physikalische Gesetze verlieren ihre Gültigkeit und der Begriff der Feinstofflichkeit als Teil eines neuen Weltbildes findet seine Berechtigung.

Warum wir mehr als nur 10% unseres Gehirns nutzen und Albert Einstein in diesem Fall nicht Recht hatte.

Was UFOs, Außerirdische und Mikroparasiten in diesem Werk zu suchen haben und warum ein „Kampf gegen den Krebs" nicht geführt werden sollte.

Wie „hohl" wir alle sind und trotzdem vor Wissen nur so strotzen. Was, und wie bedeutsam gerichtete Verschränkung ist und wieso man dafür den richtigen Partner braucht. Gerichtete und ungerichtete Aufmerksamkeit – was ist das?

Der Zusammenhang zwischen Hypnoonkologie und Wägeexperimenten wird ebenso erklärt, wie dringend zu berücksichtigende Phänomene wenn es um Organtransplantationen geht.

Glaube und Gebet als Erbe unserer Vorfahren und ob beides heute noch von Bedeutung ist?

1 Kilo 40 Gramm – was soll dieser Titel?

Was ist der „Mittermeier-Effekt"?

Weshalb man ohne Augen sehen kann und was Newton nicht von seinem Apfel wusste!

Warum man Krebs und Metastasen mit einem Land vergleichen kann und rauchen weniger gefährlich ist, als immer behauptet wird.

Krebserkrankungen sollen bis 2025 um 40% ansteigen – wer oder was dafür verantwortlich ist und wie die WHO dies mit einfachsten Mitteln verhindern wird.

Was uns wirklich krank macht und was das mit Gewichtsveränderungen zu tun hat, ohne dabei von fasten oder zunehmen zu sprechen.

Ein Vorschlaghammer als Heilmittel?

Ist eine basische Ernährung wirklich gesundheitsfördernd bei Krebs?

Die „Nullzeit" - und wieso man genauso oft weg ist, wie man da ist, ohne Urlaub zu nehmen.

Wie man mit inneren Bildern arbeitet und ob sich diese Mühe lohnt?

Wie Fantasiegeschichten heilen können, wenn sie richtig angewendet werden und warum ein Nocebo stärker wirkt als ein Placebo.

Was ist ein Krankheitsgewinn und hat ihn nur der Kranke?

Weshalb das Gefühl immer über die Logik siegt und warum man dafür sorgen sollte, das „innere Konto" stets auszugleichen.

Leben vor und nach dem Tod. Hypnose und Nahtoderfahrungen – ein Zusammenhang, oder gar ein Nutzen?

Warum wir gegenüber Flüchtlingen gemischte Gefühle haben und warum so etwas wie Pegida und AfD normal ist.

Entscheidungshilfe für eine Chemo und der Sinn unseres Gesundheitssystems.

All diese Themen unter einen Nenner zu bringen, ergab sich wie von selbst.

Glauben Sie nicht was in diesem Buch steht, sondern überprüfen Sie den nachprüfbaren Teil persönlich. Die eigene Erfahrung zählt mehr als alles Andere, obgleich auch die Erfahrung Anderer nicht außer Acht gelassen werden sollten, denn: Bestätigung tut gut!

Danksagung

Ich bedanke mich hiermit recht freundlich bei der Firma Sartorius-Intec für die Bereitstellung von zwei Präzisionswaagen und die Freundlichkeit von Herrn Markus Leibold für seine wertvolle Zeit, die er mir geschenkt hat.

Literaturverzeichnis

Wikipedia (mit einer Spende wurde gedankt und ich möchte an dieser Stelle einmal bitten, es mir gleich zu tun. Auch wenig ist viel, wenn es alle machen)

Herzlichen Dank!

Abbildungsverzeichnis

Front- und backcoverbilder: Pixabay

Auch an Pixabay wurde eine Spende überwiesen und ich bedanke mich gleichzeitig für diesen tollen Service und bei all den Personen, die ihre Bilder zur Verfügung stellen – herzlichen Dank!

Über eine positive Bewertung (bei Amazon) für dieses Buch bzw. die Entdeckungen, welche zu diesem geführt haben, würde ich mich sehr freuen und bedanke mich bereits jetzt schon recht herzlich dafür!

LG Klaus Mittermeier

www.ingramcontent.com/pod-product-compliance
Lightning Source LLC
Chambersburg PA
CBHW071637170526
45166CB00003B/1347